さいばいカレンダー
あさがお

4月の中ごろから5月のはじめごろに
たねをまくと、7月ごろに、花がさくよ

4月

↕ **たねまき**

めが出る

5月

↕ **しちゅう立て**

6月

花がさく

みがなる

7月

8月 **たねとり**

↓

やさいと花を<ruby>花<rt>はな</rt></ruby>をそだててかんさつ

あさがお

監修：東京学芸大学附属小金井小学校生活科部
齊藤和貴　富山正人

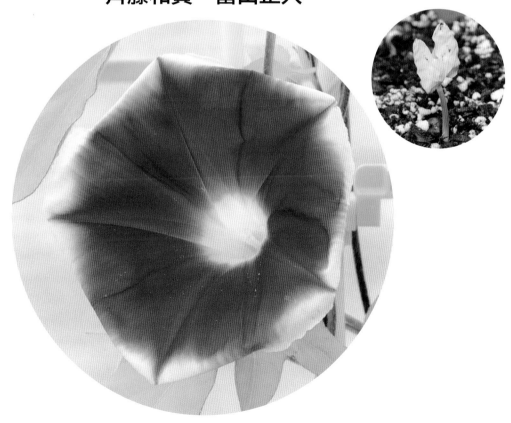

新日本出版社

はじめに

みなさんは、お花をそだてたことがありますか？　もしかしたら、小学校に入学したばかりの1年生のみなさんは、もうお花をそだてているのかもしれませんね。生活科の活どうでは、お花ややさいをそだてることがあります。

この本では、あさがおのそだて方を知ることができます。おせわ上手になるだけでなく、あさがおにいっぱい話しかけて、あさがおとなかよしになってください。あさがおもきっとみなさんに何かを話しかけてくれると思います。みなさんがその声を心でかんじられたら、きっとあさがおをそだてる名人になっていると思います。

東京学芸大学附属小金井小学校教諭　齊藤和貴

この本の見方

日数

たねをまいてからの日数をしめしているよ。

どんなふうにかわるかな？

つるがのびるようす、花のさくようすなどをしゃしんでみていくよ。

せいちょうがわかるイラスト

あさがおのようす、大きさがわかるイラストを入れているよ。

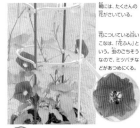

しゃしん

あさがおのようすがわかるように大きく入れているよ。

あさがおのおせわや、かんたんなとり組みについて、しょうかいしているよ。

もくじ

あさがおの
おせわ、
楽しみだね。

きれいな花が
さくかな？

あさがおをそだてる前に

あさがおをそだてる前に、どんなものがいるのか、どんなばしょでそだてたらよいのか、みてみよう。

じゅんびするもの

じっさいの
大きさ

あさがおのたね

ひとつのうえ木ばちに、5こくらいのたねをまく。ホームセンターや園げい店で買える。

うえ木ばち
土が3〜3.5リットル入るはち。

これくらいの
大きさだよ

ばいよう土

ひりょうがまぜてあるえいようたっぷりの土。

ペットボトルじょうろ

ペットボトルにじょうろの先をとりつけてつかう。

ペットボトルのキャップに5〜6このあなをあけてつかってもよい。

この本では、うえ木ばちにぴったり入る、小ぶくろの土をつかったよ。小ぶくろの土が手に入らない場合は、スコップをつかって土をうえ木ばちにうつそう。

はなとやさいの土

あさがお・きゅうこん・やさいのさいばいにてきしています。

自然にやさしく

おだやかに効く
有機肥料
入り

いしょくごて（スコップ）

あつくて日ざしが強い
ときは、ぼうしをかぶって、
水もこまめにのもう。

早くたねを
まいてみたいな。

ひりょう（こやし）

あさがおがそだつためのえいよう
になる。きまったりょうを土にまく。

しちゅう

あさがおのつる（→14ページ）がのび
てきたとき、このぼうにからませる。

そだてるばしょ

日当たりのよいばしょのほうが、元気いっぱいにそだ
つよ。地めんがアスファルトだと、あつくなりすぎる
ので、土の上でそだてよう。

日当たりのよいばしょ

日当たりのわるいばしょ ✕

たねをまこう

今日はあさがおのたねをまくよ。
うまくまけるか、ドキドキするね。

あさがおのたね

大きくして
みると、ゴツゴツ
しているのが
わかるね。

みてみよう

どんな花が
さくのかな？

1 土をうえ木ばちに入れる

土をこぼさないように、ゆっくり、うえ木ばちに入れる。

りょう手でもってゆっくり入れる。

2 土にあなをあける

たねをまくためのあなをゆびであける。あなとあなが近づきすぎないように気をつけよう。

土をふかふかのベッドにしよう!

土を入れおわったうえ木ばち。土を手でかるくおさえる。

あなのふかさは、人さしゆびの先ぐらい（矢じるしのところ）。

ちゅうい!

あながふかすぎると、めが出てこないことがある。

人さしゆびであなをあける。

しゃしんのように、5つのあなをあける。

3 たねをあなに入れる

ひとつのあなに、ひとつぶの
たねを入れる。

たねを入れたら、上から土をかぶせる。

4 ひりょうをやる

土の上にひりょうをおく。どれくら
いひりょうをやるのかは、先生やお
うちの人に聞こう。

土の上のひりょうは、
水にとけて、あさが
おのえいようになる。

5 できあがり

すぐに水をあげて土をおちつかせ、日当た
りのよいばしょにならべる。毎日ようすを
みに、あさがおに会いに行こう。

おせわ
しよう

水やりをしよう

たねまきをした後は、
かならず水をやろう。

土のようすをみて、水やりを
しよう。いきおいよく水をやり
すぎると、土にあながあいて、
たねがうき上がってしまうの
で、やさしく水をやろうね。
30ページにも水やりについて
くわしく書いてあるよ。

あさがおちゃん、
すてきな花を
さかせてね！

※おせわした後は、か
ならず手をあらおう！

👀「みつけたよカード」を書こう

今日の活どうで
気づいたことを
書こう。

これからあさがおがどうやってめを出して、
花がさくのか楽しみだね。あさがおのおせわをする
ときにみつけたことや、びっくりしたこと、
考えたことを「みつけたよカード」に書いて、
記ろくにのこしておこう。

みつけたよ カード　　　　　　　　（ はれ ）

5月7日(か) なまえ ののみや さえ

たねを まいたよ

どんなはなが
さくのかな？

たのしみ。

たね

きょうは、あさがおのたねをまいたよ。
たねがちいさいので、なくさない
ように しっかりもっていた。
あさがおと なかよくなりたい。
いっぱい みずを あげるからね。
きれいな はなを さかせてね。

あさがおのおせわをする
自分の絵にふき出しをつ
けて、話しかけたことや
思ったことを書くと、す
てきな記ろくになるよ。

今日、あさがおの
たねをまいたよ。いつ
めが出るか楽しみ！

カードの書き
方は27ページ
をみてみよう。

めが出てきた

あさがおのめが出たよ。
めはどんな形にみえるかな？
小さなアリのように近づいて、
細かいところまでみてみよう。

あさがおのめ

うさぎの
耳みたい！

はっぱの下は、
赤いね。

10

めはどうなるのかな？

たねをまいて、1週間（しゅうかん）ぐらいすると、たねからニョキッとめ（て）が出てくる。
め（て）が出てくると、小さなはっぱがみえてきた。これを「ふたば」というよ。
とじていたふたばは、たいようの光（ひかり）をいっぱいあびようと、大（おお）きくひらくよ。

5つ（いつ）のたねのうち、4つのたねからめが出（で）て、ふたばがひらいた。このように、めが出（で）ないたねもある。

めがぼうしをかぶっているみたい！

友（とも）だちのめとくらべてみよう

友（とも）だちのあさがおと、めのようすをくらべてみよう。ひとつひとつのめのようすは、どうちがうかな？

どんなふうにかわるかな？
【めが出（て）るまで】

① め（て）のいちぶが出てくる。

ふたば

たねのかわ

② たねのかわをかぶったふたばがみえてくる。

③ ふたばが立（た）ち上（あ）がる。

④ ふたばがひらく。

新しいはっぱが出てきた

ふたばが出た後、その間から、新しいはっぱが出てきた。

あさがおのはっぱ

ふたば

新しいはっぱ

新しいはっぱの先はなんだかとがっているね。

12

新しいはっぱは、ふたばと何がちがうかな？

ふたばの間から小さなはっぱが出てきた。ふたばと形がちがうし、細かい毛もたくさんはえている。これを「ほんば」というよ。ほんばはこの後、どんどん大きくなっていったよ。

ほんばがたくさん出てきて、うえ木ばちいっぱいに広がった、あさがおのなえ。

おせわしよう

あさがおのなえを間引こう

ほんばが出そろったら、元気そうななえをふたつほどのこして、ほかのなえをぬこう。これを間引きというよ。間引きしないと、日当たりや風通しがわるくなったり、ひりょうがたりなくなったりするんだ。

どんなふうにかわるかな？
【ほんばが広がるまで】

❶ 小さなほんばが出てくる。

ほんば

ふたつめ目のほんば

❷ ほんばがひらく。ふたつ目のほんばも出てくる。

❸ ふたつ目のほんばがひらく。

みてみよう

はっぱのうらは、おもてにくらべて色がうすい。

つるが出てきた

ほんばが出た後、細長いつるがのびてきたよ。
ぶらぶらしていて、このままだと
地めんについちゃいそう。

あさがおのつる

みてみよう

毛

つるには
細かい毛が
いっぱいだね。

つるはどんなようすかな？

ほんばの間から出てきたつるは、風にゆられてこまっているみたい。まきつくところをさがしているのかな？　つるが出てきたら、しちゅう（→5ページ）を立ててあげよう。つるはどうなるのかな？

地めんに
つるがついたら、
だれかにふまれ
ちゃいそう。
しんぱいだね。

おせわ
しよう

しちゅうを
立てよう

つるは、しちゅうにふれると、まきついて、長くのびていくよ。つるがのびてきたころに、しちゅうを立てよう。

しちゅうをうえ木ばちにしっかりとさしこむ。

つるは、しちゅうにまきつけてあげよう。

できあがり。

長くのびたあさがおのつる。

手をつないでいるみたい！

あさがおのつるは何にでもからまる。となりのあさがおにもまきつくことがあるよ。

つるがぐんぐん のびてきた

しちゅうにまきついた
つるが、きのうよりも
上にのびていたよ。
クルクルまきついて、
上にのびていくんだ。

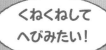

あさがおのつる

つるは右まき？
左まき？
どっちかな？

くねくねして
へびみたい！

どんなふうにまきつくのかな?

つるをよくみてみよう。細かい毛が下むきにはえている。この毛があると、つるがすべりにくくなり、しちゅうにまきつきやすくなるんだ。
つるは、しちゅうを左まきにまきつきながら、ぐんぐん上にむかってのびていくよ。

下むきにはえている細かい毛。

どんなふうにかわるかな? 【つるのまきつき方】

つるは、しちゅうにまきつきながらのびていく。3日間で10センチメートルくらいのびた。
毎日よくみて、しらべてみよう。

①

②

③

いつの間に、こんなにのびたの!?

かってみよう

あさがおのつるとせいくらべをしてみよう

あさがおのつるは、しちゅうの上までのびると、しちゅうをこえてさらにのびていくよ。
あさがおのつると自分のせをくらべてみたら、どちらが高いかな?
友だちのあさがおと自分のあさがおのつるの高さをくらべてみてもいいね。

ぼくのせよりも高い!

しちゅうをこえてのびたあさがおのつるは、下のほうからまきなおそう(→30ページ)。

17

つぼみがついた

あさがおのつぼみをみつけたよ。
つぼみの中に、ピンク色の花が
みえた！

あさがおのつぼみ

さわるとやわらか
かったよ。

花びら、いつ
ひらくかな。

18

つぼみはどんな形？

つぼみはさいしょ、みどり色のはっぱのようなものにつつまれている。これが、少しずつひらいて、中から花びらの色がみえてくるよ。

つぼみは、はじめのうちはねじれていて、キュッとかたくとじている。毎日少しずつ大きくなっていくよ。

つぼみは、つるの下のほうからじゅん番につく。

上からみたあさがおのつぼみ。

うずまきのようにみえるね。ソフトクリームみたい！

どんなふうにかわるかな？【大きくなるつぼみ】

みどり色の小さなつぼみが2週間ほどかけて少しずつひらいて、とじた花びらがみえてくる。

① つぼみ

②

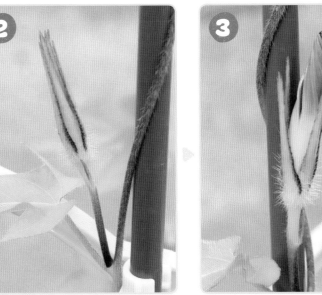

③

花がさいた

たねをまいてから2か月くらい後の朝、
ついに花がさいたよ。
大きくて、きれいだね。

あさがおの花

あまりにおいは
しないね。

白いこなは
何だろう？

白いこな

20

どうやってさくのかな?

あさがおは、夜が明ける前のくらいうち
に花がさくよ。キュッとねじれていたあさ
がおのつぼみが少しずつゆるんできて、
日がのぼる前に花びらがひらくんだ。

朝には、たくさんの
花がさいている。

花についている白い
こなは、「花ふん」と
いう。虫のごちそう
なので、ミツバチな
どがあつめにくる。

やって
みよう

いつつぼみがひらくのか よそうしよう

一番早く花がひらき
そうだと思ったつぼ
みのねもとに、毛糸
をかるくむすんで目じ
るしにしておけば、わ
かりやすいよ。

このつぼみは
もうそろそろ
ひらくかな?

1 あさがおのつぼみ。

2 つぼみが少しゆるむ。

3 花の中がみえてくる。

4 花びらがすべてひらく。

21

花がしぼんだ

お昼にもういちど、花のようすをみてみると、朝は大きくひらいていた花がしぼんでしまっていた。もうさかないのかな？　なんだかさみしいね。

あさがおの花

しわしわになっちゃった。

みどりのところはしおれていないよ。

22

花がしぼんだ後は どうなるの？

あさがおは、朝早くさき、その日のうちにしおれてしまう。いちどしおれた花はもうさかず、かれておちてしまうんだ。でも、花のねもとのみどり色のぶぶんは、しおれていない。この後、花のねもとには、たねができるんだよ。

花びらがたれさがってしおれている。

花がおちた後、花のねもとのほうをさわると、少しふくらんでいるのがわかる。ここが、たねのできるところ。

ぼくもやってみたい！

あさがおの色水。

やってみよう

あさがおの花で色水をつくろう

しおれた花は「花がら」というよ。あさがおの花がらをつんで、色水をつくろう。

❶ 花がらと少しの水をポリぶくろに入れる。花がらの数が多いほど、色がこくなる。

❷ 花の色が出るように手でしっかりもむ。

❸ ポリぶくろの先をはさみで切り、コップに色水を出す。

ちゅうい！ はさみをつかうとき、けがをしないようにちゅういしよう。

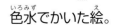
色水でかいた絵。

23

たねができた

花がおちた後、花のねもとがふくらんできた。
これはあさがおのみだよ。みの中には、
あさがおのたねが入っているんだ。

丸くなって
きたよ。

あさがおのみ

みの先が
つのみたいだね。

24